LET'S LEARN THE AMAZING OCEANS!

奇妙的海洋课

金翔龙　陆儒德　主编

U0321810

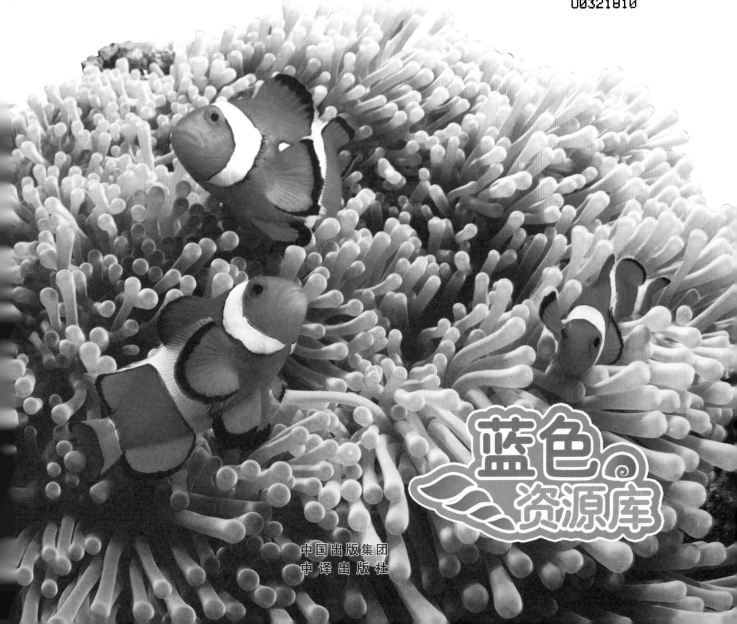

蓝色
资源库

中国出版集团
中译出版社

奇妙的海洋课

顾　问

丁德文　中国工程院院士，国家海洋局海洋生态环境科学实验室主任
王　颖　中国科学院院士，南京大学教授、博士生导师，海岸海洋地貌与沉积学家
方念乔　中国地质大学（北京）海洋学院原院长、教授、博士生导师
朱大奎　南京大学教授、博士生导师，海洋地质专家
胡　克　中国地质大学（北京）教授、博士生导师
时　平　上海海事大学海洋文化研究所所长，军事理论研究室主任
李　杰　海军军事学术所研究员，全国国防科普委员会副主任
沈文周　国家海洋局海洋发展战略研究所研究员
刘容子　国家海洋局海洋发展战略研究所研究员
贺晓兴　原海南出版社编审，著名图书编撰专家
徐　刚　著名青少年教育专家，中国少先队工作学会理事
李　宁　全国少年儿童海洋教育促进会会长，北京农科院附属小学书记

主　编

金翔龙　中国工程院院士，国家海洋局海底科学重点实验室主任
陆儒德　海军大连舰艇学院原航海系主任、教授

编委会

张家辉　　张　彦　　马建新　　黄春萍　　刘志刚　　代　丹　　胡　颖　　魏俊涛
吴　国　　李　江　　张　硕　　杨玉东　　吴昭洪　　安　迎　　陈　杰　　卢燎亚
吴　照　　陈聪颖　　马金峰　　纪玉元　　林报忠　　傅书基　　于　丽　　张红春
尹红艳　　邢　艳　　叶芷涵　　王　新　　吕一俊　　罗　洋　　侯玉婷　　梁新玲
贺丽颖　　马亚宁　　范叶芳　　朱晓艳　　林雪莹　　周晓敏　　石　勇　　魏晓晓

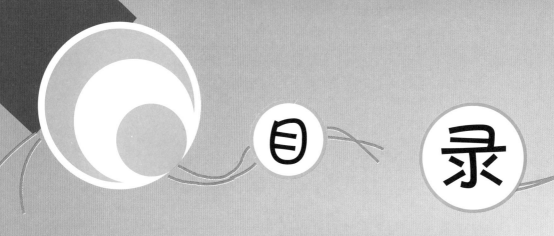

目 录

第一章　生物资源

第二章　矿产资源

CONTENTS

第一章　生物资源

　　地球上的生命起源于海洋。在这片孕育生命的蔚蓝里，生活着无数种千奇百怪的生物。它们有的凶猛恐怖，有的可爱迷人；有的大若屋宇，有的小如尘沙；有的色彩斑斓，有的行踪隐秘……这些海洋生物和我们人类共同组成了地球庞大的生态系统，它们也为我们源源不断地提供着各种生产、生活中的物资原料。

海洋生物

　　海洋生物究竟有多少种？这个问题连海洋学家都回答不上来。仅据统计，目前全球已知的海洋生物约有 25 万种，这个数字还在随着研究的不断深入而增加。为了便于了解和研究，科学家们把海洋生物分为了海洋动物、海洋植物、微生物及病毒等几大类。

海洋植物

　　海洋里也有植物吗？当然有！海带、紫菜、红树等植物就是大海里的"花草树木"。这些植物给鱼、虾等海洋动物提供着食物和生活场所。不仅如此，这些海洋植物还为人类提供了许多食物，是我们工农业生产和生物制药的重要原料。

软体动物

　　海洋软体动物是海洋动物中的一个大家族，这个家族有 10 万多个成员，从赤道到极地都有分布。我们餐桌上常见的乌贼、章鱼、扇贝等都是海洋软体动物。它们肉味鲜美，营养丰富。

鱼类

海洋鱼类无疑是人们最熟悉的海洋生物，它们约占世界海洋渔获量的 80%，在海洋生物链中具有举足轻重的地位。除了成为餐桌上的美食以外，部分海洋鱼类还是重要的工业原料，有些鱼的内脏或毒素还可以用来提取制成各种生物制剂。

哺乳类动物

海洋哺乳动物是海洋生物中的一个"小"家族，这个家族成员不是很多。除了人们熟悉的鲸、海豚和美人鱼（儒艮）等生活在海里的动物以外，诸如北极熊、海獭、海豹等也属于海洋哺乳动物。

甲壳类动物

说起海洋动物，自然离不开螃蟹、龙虾等身披"重盔"的甲壳类动物。这些"张牙舞爪"的家伙同样是海洋动物中的重要成员，它们不仅能给人类提供有营养的美味，还是大海里著名的"清洁工"，良好的海水质量离不开它们的"养护"。

贝壳中的珍珠

你知道吗

珍珠是怎样形成的

珍珠自古以来便被认为是大海馈赠给人间的礼物。这种圆润美丽的珠宝是由贝类动物"孕育"的。当海底的砂石不小心进入珍珠贝类或珠母贝类的体内时，贝类就会分泌出珍珠质对其进行层层包裹。日久天长，这颗粗糙的砂石就变成了瑰丽的珍珠。

海洋渔业

千万年前，人类已经开始在海洋中捕捞海产品果腹。后来，聪明的人们开始尝试养殖海产品。到现在，海洋渔业已经发展成捕捞、养殖、海产品加工贸易一体化的巨大产业链。不过，海洋渔业的迅速发展也带来了过度捕捞、资源枯竭、养殖污染等诸多问题。

世界四大渔场

曾经，世界四大渔场是日本的北海道渔场、加拿大的纽芬兰渔场、欧洲的北海渔场和南美洲的秘鲁渔场。后来，随着人类的无节制捕捞，加拿大的纽芬兰渔场已经消失。现在人们将世界四大渔场广泛定义为北太平洋渔场、东南太平洋渔场、东北大西洋渔场和东南大西洋渔场。

人工鱼礁和"海底森林"

鱼类非常喜欢聚集在海底的礁石附近栖息活动、生长繁殖。因此，人类在适宜的海域投放一些大石块、旧船等障碍物，构造出人工鱼礁来吸引鱼群停留。不仅如此，人们还尝试在海底"植树造林"，种植各种海藻，制造出庞大的"海底森林"，给鱼类营造良好的生存环境。

围网捕鱼

先进的远洋捕捞设备

远洋渔业机械化、自动化程度比近海渔业高得多。在一个远洋捕捞船队里，不仅拥有助渔、导航仪器设备先进、完善，续航能力较强的大型加工母船（配有冷冻、冷藏、水产品加工、综合利用等设备），而且还拥有许多捕捞子船、加油船和运输补给船。

不远万里捕捞的原因

人们之所以发展远洋渔业，主要是因为近海渔业资源日益枯竭。由于人类过度捕捞，许多国家近海海域已经出现了大面积的"无鱼"现象。为了满足人们的海产品需求，远洋渔业开始蓬勃发展。

渔场

鱼类或其他水生经济动物每年在一定的季节都会聚集成群游过或停留在某一片水域，这种水域就是渔场。渔场一般光照充足，而且营养物质丰富，能够吸引众多海洋生物前来栖息。渔场非常适宜人类开展渔业活动，有经验的渔民都会前往渔场捕鱼。

拓展

中国"渔"字的由来

甲骨文是中国最古老的文字，它的左半部分仿佛一根钓竿，右半部分就像一张渔网。这个古老的文字证明早在4000~10000年前，我国的渔民就已经开始进行渔业捕捞。

7

人工养殖

　　既然大规模海洋捕捞不是长久之计，那么发展人工养殖就成为海洋渔业的必然选择。聪明的人们早已开始利用浅海、滩涂、港湾、围塘等海域去饲养和繁殖海带、紫菜、贝类、鱼虾等海产品了。

海参

　　海参是海洋中的名贵水产品，这种已经在地球上生存了约 6 亿年的动物营养非常丰富，味道十分鲜美，是中餐灵魂食材之一。我国海域自古以来就盛产海参，也早已能够进行海参的人工养殖了。

海洋牧场

　　选择适当的海域，运用海洋生物技术和现代化管理手段，把鱼、虾、贝、藻等海洋资源进行合理的海上放养，这就是海洋牧场。目前，整个世界范围内的渔业资源都面临着过度捕捞的威胁，而海洋牧场的养殖方式完全遵循自然规律，是未来海洋渔业可持续发展的必然选择。

贝类

　　说起海产品，自然离不开蛋白质丰富的贝类。中国拥有900多万亩滩涂，这为发展贝类养殖提供了良好的自然条件。我国的泥蚶、毛蚶、蛤蜊、竹蛏等贝类产量非常高，养殖技术已经相当成熟。

珍珠贝

　　天然的珍珠数量稀少且形成困难，于是人们就采用人工养殖珍珠贝的方式自己"种"珍珠。选择浪静水清、温暖流畅、海水盐度适当、饵料丰富的海域投放珍珠贝幼苗，等它们长大给其肚子里"种植"珍珠核，几个月后，珍珠就慢慢"长"出来了。

人工养殖

海带

　　海带因为味道鲜美、价格低廉而一直深受人们的喜爱。中国的海带最早是从日本引进的。现在，我国已经成为世界上养殖海带规模最大的国家，海带年产量可达50万吨，占世界总产量的50%左右。

海洋生物制药

海洋生物制药是指应用海洋生物来研制药物的过程，这是一种新兴的生物制药工业，当前正处于快速发展阶段。目前，海洋生物制药的研发方向主要有：抗肿瘤药物、心脑血管药物、抗病毒药物和抗菌抗炎药物。

鲎试剂的妙用

鲎是地球上最古老的海洋动物之一，享有"活化石"的美誉。生物学家用鲎的蓝色血液制成了鲎试剂，它不仅能用于快速检测人体内部组织是否被细菌感染，还能监测食品和药品工业中的毒素污染。

爬行中的鲎

著名中草药——海马

海马自古以来就是一味名贵的中草药，素有"北方人参，南方海马"之称。海马不仅能强身健体、消炎止痛，还能用于治疗神经系统疾病。

止血良药——乌贼骨

　　无针乌贼和金乌贼的身体内壳被称为乌贼骨，又称海螵蛸。这是一种著名的中医止血药。此外，它也能明显促进骨骼缺损修复，也具有抗辐射、抗肿瘤、抗溃疡等作用。

你知道吗

海洋里的中药

　　中医和中药是中华民族最伟大的发明之一。从数千年前开始，中医就已经开始从海洋生物中提取各种药材。诸如乌贼骨、海星灰、鲍鱼壳、玳瑁、球鱼肝、珊瑚、七星鳗、海带、石花菜、海人草、马尾藻等都是著名的中药材。

海中人参——海参

　　海参不仅是珍贵的食品，还是名贵的中药材，古人发现"其性温补，足敌人参"。目前，西医也已经发现了海参的另外一项重要功能——修复再生。这种海洋珍馐已经成为医药生物学界的"宠儿"。

海洋抗癌药物

全世界每年有超过 500 万人因为癌症而死亡，癌症已经成为人类健康的一大杀手。为了战胜癌魔，人们作出了巨大努力。近年来，医药学家发现许多海洋生物都能提取出抗癌药物。也许不久的将来，癌魔会被这些发现所打败。

河豚——新生油

河豚的毒素聚集在肝脏和血液里，如果食用时不注意很有可能引起生命危险。不过，河豚的"毒肝"被科学家们制成了"新生油"药物，这种药物可用于治疗食道癌、胃癌、鼻咽癌及结肠癌。

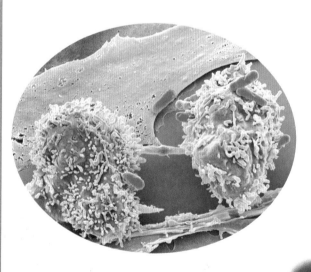

球鱼肝脏提取物

球鱼是一种圆形的海鱼。科学家们从它的肝脏中提取出了一种镇痛新药，可用于解除晚期癌症患者的疼痛感，效果非常理想。

岩沙海葵毒素

　　岩沙海葵毒素是软珊瑚、岩沙海葵、玫瑰海葵等多种海洋腔肠动物体内的一种毒素，它毒性极高，能够轻易夺走人的生命。不过，这种可怕的毒素具有很高的抗癌性和很强的溶血作用，它有望成为高效的新型抗癌化疗药。

海洋抗癌药物种类

　　从20世纪60年代开始，科学家们陆续从海绵、珊瑚、海鞘、海兔、海藻等海洋生物中分离得到大量抗癌活性物质。目前，海洋抗癌药物已经细分为海洋动物类药物、海洋植物类药物和海洋微生物类药物三大类。

海绵——海绵素

　　海绵是一种古老原始的低等动物，它们形态多姿、颜色瑰丽，仿若海底的植物。科学家们从海绵动物身上提取出一种新型抗癌药物。这种药物能够对抗产生耐药性的癌细胞，对乳腺癌、肺癌、前列腺癌和结肠癌的治疗有重要意义。

海绵动物

13

守护心脑血管

你知道吗？每年因为患心脏血管和脑血管疾病死亡的人数比癌症导致死亡的人数还要多。对这种疾病进行预防和治疗已经成为近些年医学界探索的重大课题。随着海洋生物科学的发展，人们从众多海洋生物身上发现了大量能够治疗心脑血管疾病的药物成分。

"海底牛奶"——牡蛎

牡蛎也就是我们常说的生蚝。因为味道鲜美，营养丰富，牡蛎素有"海底牛奶"的美称。不仅如此，牡蛎还有良好的食疗效果，既能美容，又能降血压，还能保护心脑血管，被视为强身健美的好食材。

七星鳗

七星鳗是我国沿海的一种常见鱼类，它肉质洁白、味道鲜美，深受广大垂钓客的喜爱。七星鳗不仅对于预防心脑血管疾病有很大的作用，而且是治疗结核病的一味良药。

海洋星虫

海洋星虫居住在海底的洞穴内，它们身体柔软，展开似星芒状，因而得名。星虫家族部分种类（如沙虫）可以食用，营养丰富，具有抗菌、抗病毒、防癌、延缓衰老及保护心脏血管等作用，被誉为"海洋虫草"。

海洋百科

深海鱼油

深海鱼油就是从深海鱼类体内提炼出来的鱼油。因为富含健脑益智的DHA(二十二碳六烯酸)和益于血液循环的EPA(二十碳五烯酸)两种成分，深海鱼油堪称预防心脑血管疾病方面的灵丹妙药。

鲨鱼软骨

凶猛无比的海洋霸主鲨鱼也能给心脑血管病人带来福音。鲨鱼身上的软骨俗称鱼脑，具有治疗癌症，提高免疫力，改善骨质疏松，治疗心血管疾病和预防脑血栓等保健作用。

拓展

血管清道夫

人类的血管就像一条条输送血液的通道。很多心脑血管病人之所以得病，就是因为这些通道被体内的胆固醇和甘油三酯堵住了。许多海洋生物体内含有清理这些通道的物质，它们能够医治心脑血管疾病。

新型抗菌药

　　细菌和病毒在我们的生活中无处不在，它们中的一些是著名的"隐形杀手"，能够引发各种疾病。人类为了对付它们，研制了各种抗生素，可没想到它们竟然进化出了抗药性，继续肆虐，影响着我们的健康。幸而，科学家们近些年从海洋生物体内发现了不少可研制新型抗菌药物的物质，制成的药物将成为对付细菌和病毒的新武器。

珊瑚——鹅管石

　　五光十色的珊瑚不仅是可供观赏的天然艺术品，还具有很高的药用价值。治疗肺结核和痢疾的中药"鹅管石"实际上就是珊瑚。不仅如此，近年来科学家们还从柳珊瑚和鹿角珊瑚中分离出具有抗菌、抗酵母及抗原生动物等作用的物质，用以制成新型药物。

蚶类——瓦楞子

　　蚶类俗名"瓦楞子"。虽然名字土气，可是它们是一味良好的中药。不仅如此，科学家们还从蚶类中提取出一种新型抗菌药物，对葡萄球菌和大肠杆菌有很强的抑制作用。

鲍鱼——黏蛋白

　　作为著名的海中珍馐，鲍鱼不仅味道鲜美，而且具有预防脊髓炎的功效。此外，鲍鱼肉中能够提取出一种黏蛋白，它具有抑制链球菌、葡萄球菌和创疹病毒的作用。

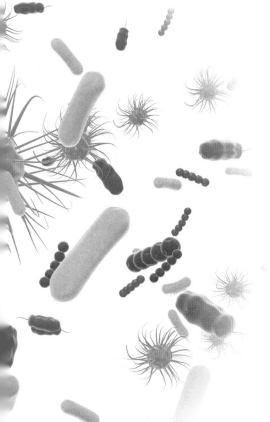

你知道吗

细菌的作用

　　虽然许多细菌和病毒给人类的健康带来了巨大危害，可大多数细菌是有益的。正因为有了它们，人类和动植物们才能在地球上生存繁衍。

河豚——鱼精蛋白

　　河豚素以味道鲜美和含有剧毒著称。最近，科学家们发现河豚的精巢中可以提炼出一种鱼精蛋白，它对于引起痢疾、伤寒、霍乱等的细菌具有抗生作用。

有用的毒素

　　海洋中生活着众多携带剧毒的生物，有时候它们身上的一丁点儿毒素都可以轻易杀死一头大象。不过，这些生物身上的剧毒是科学家们最喜欢的东西之一。因为这些毒素可以用来治病，而且往往毒性越强，治病效果越好！

芋螺毒素

　　芋螺又名鸡心螺，它身披色彩斑斓的美丽外壳，看起来异常漂亮。然而，这种美丽的动物藏有毒牙，可以分泌出剧毒的神经毒素，能够让受伤者"平静"地死去，十分可怕。科学家们从芋螺体内提炼出毒素，用以开发新型麻醉药和镇痛药。

石房蛤毒素

　　石房蛤毒素来源于某些有毒的藻类，通过食物链逐步被摄食者吸收，最终危害到人类。这是已知的毒性最强的海洋生物毒素之一，中毒死亡率很高。不过，它在赤潮检测、分子生物学、神经生物学、医学诊断、药物开发、食品卫生与安全和军事等方面都能"一展才华"。

海蛇毒素

色彩斑斓的海蛇是大海中著名的"毒王"，它们所含的毒素远比陆地上毒蛇含有的毒素高得多，人一旦被咬伤很容易死亡。然而，海蛇体内的毒素是研制镇痛药的绝佳材料，癌症晚期患者凭借它能够有效减轻痛苦。此外，它还可以用来制作抗蛇毒血清，治疗毒蛇咬伤。

漂亮的河豚

河豚毒素

民间素有"拼死吃河豚"的说法，这是因为河豚虽然肉味鲜美，可内脏和血液含有剧毒，一不小心误食就可能引发中毒甚至死亡。不过河豚毒素能制成良药，它不仅能用来止痛，还能用来制作麻醉药、降压药和抗心律失常药。

"绿色杀虫剂"——沙蚕毒素

沙蚕是一种生活在海滩泥沙中的蠕虫，也是海钓的绝佳饵料。沙蚕的体内可以分离出沙蚕毒素，这种毒素可以用来制作"绿色杀虫剂"，不仅能够高效杀虫，而且毒性还很低，不危害人体健康。

骨骼、皮肤与代用血浆

　　骨骼可以支撑和保护我们的身体，也是我们运动的依靠；皮肤是人体最大的器官，也是让我们免受伤害和病毒、细菌侵袭的"保护罩"；血液是人体的"生命之河"，是人类存活的根基。你知道吗？一旦骨骼、皮肤受损，或者血液大量流失，海洋生物可以帮助我们。

骨骼移植

　　骨骼受损无疑非常影响人们的生活，不过幸好，医学家们发明了骨骼移植手术。珊瑚石是良好的骨骼移植材料，用它塑形后代替骨骼不仅坚硬耐用，而且不会出现排斥反应。迄今为止，已经有超过10万名患者接受了珊瑚石合成骨骼的移植治疗。

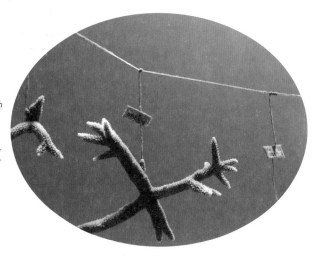

甲壳质敷料

　　皮肤出现损伤后，很容易被细菌感染。生物学家利用海洋动物的甲壳质研制了医用敷料，只需要覆盖在伤口上，就能起到止血和抑菌的作用，还可以促进伤口的愈合和组织修复再生。

代用血浆

　　代用血浆是一种分子量接近血浆白蛋白的胶体溶液，输入血管后依赖其胶体渗透压而起到代替和扩张血容量的作用，可用于治疗失血性休克。代用血浆必须对人体无毒无害、无抗原性，输入血管后不影响人的正常新陈代谢。从海盘车中提取的海盘车明胶代用血浆，以及从褐藻中提取的褐藻胶代用血浆都是医院常用的代用血浆。

人工皮肤

人工皮肤是人工研制的用来修复、替代缺损的皮肤组织的代用品，它一般由鲨鱼等海洋生物的软骨或甲壳质制成，可以用于治疗烧伤、烫伤，减轻患者的痛苦。这类人工皮肤具有良好的亲和性，并且无毒副作用，临床使用中反应良好。

虾、蟹壳手术线

我们平时吃虾、蟹，都会把外壳丢掉。你知道吗？这些丢掉的"垃圾"竟然是一种良好的医药原料。科学家们从虾、蟹壳中提取物质制作成了手术缝合线。这种手术线不仅具有一定的抑菌能力，可以加速伤口愈合，而且能够被人体吸收，无须拆线。

拓展

为什么多数动物血浆不能用在人身上

输血有非常严格的要求。一旦血型不适配，输进身体的新血液就会跟原本的血液产生"冲突"，引发人体一系列免疫或过敏反应，甚至出现生命危险。因此，绝大多数动物的血浆不能起到代用血浆的作用。

21

第二章 矿产资源

　　作为地球上最大的空间，海洋无疑是一个巨大的资源宝库。除了为人类提供丰富的食物和药物资源外，海洋矿产也吸引着人们。陆地上的矿物资源日益枯竭，埋藏着无数煤炭、石油、天然气、滨海砂矿等资源的大海已经成为人类未来的"聚宝盆"。

海洋化石能源

　　煤炭、石油和天然气是人类世界使用的主要能源，煤炭被称为工业的"粮食"，石油则被称为工业的"血液"。它们都是远古时期的生物遗骸，在地层下经过漫长的时期才演变形成的。这些化石能源不仅存在于陆地，海洋中也含量丰富。

海上钻井平台

海洋油田

　　世界上最著名的海上产油区有波斯湾、欧洲的北海和北美洲的墨西哥湾。其中，波斯湾石油储量超过120亿吨，是世界上海上产油量最多的地区，被称为"石油海"。

海洋煤炭储量

　　目前，世界上发现的海底煤田已经超过200个，澳大利亚、英国、保加利亚、希腊、爱尔兰、冰岛、加拿大、土耳其、芬兰、法国、智利、日本和我国的近海水域都有分布。仅位于我国山东省的龙口海底煤田预估含煤量就达到13亿吨。此外，黄海、东海和南海北部也蕴藏着丰富的煤炭资源。

石油炼制

石油本身不能直接作为产品使用，必须经过加工，才能炼制成多种质量符合使用要求的石油产品。这也就是我们常说的石油炼制。经过提炼，石油可以转化成燃料、润滑油、有机化工原料、沥青、蜡、石油焦等种类繁多的产品。

中国的第一桶海洋煤炭

开采海洋煤炭所需技术复杂，目前世界上只有少数几个国家拥有这项技术。2005年，中国经过多年研究，终于在烟台市北皂煤矿海域成功开采出30多万吨海洋煤炭，为我国掘出了第一桶海底"乌金"。不过可惜的是，这个中国唯一的海洋煤矿已经关停了。

海洋煤炭的开采

陆地上开采煤矿，需要把煤层上的地层挖开。那么在海洋中怎么开采煤炭呢？聪明的科学家们另辟蹊径，从海岸挖一个洞，直接通向海底煤层，犹如在海底开凿了一个"地下铁道"，煤炭便能通过这条"地下铁道"进行运输。

石油的用途

　　石油是宝贵的燃料和化工原料。从石油中提炼的汽油、柴油和煤油是最重要的燃料；从石油中提炼出的润滑油是各种机械、仪表运转必不可少的润滑剂；从石油中提取的化工原料可以制成合成纤维、合成橡胶、塑料、合成氨、染料、炸药、石蜡等多种产品；就连石油提炼后的残渣沥青都是良好的筑路材料和密封材料。

海上开采油气

海洋石油勘探

海洋石油勘探的任务就是寻找深埋于海底的石油资源。人们通常应用人工地震、重力或者磁力的方法来勘明海底石油的储存区域。目前，人类的石油勘探最深已可触及 6000 米以下的深海海底。

海洋天然气分布

天然气和石油一样，埋藏在封闭的地下，有些和石油储存在一起，有些则单独存在。天然气在世界范围内分布极不均衡，除了"世界油气心脏"波斯湾以外，俄罗斯、委内瑞拉、非洲西部的几内亚湾以及中国南海都蕴藏着丰富的天然气资源。

拓展

可燃冰

可燃冰是一种高效清洁的化石能源。在海洋中低温高压环境下，一些烃类气体（主要是甲烷）分子会跑进水分子里，形成一种像冰一样的固体。开采出来后，温度变高，压力变小，其中的气体就会迅速逃出来，此时用火点燃它，就能看到"冰"着火的现象。

海洋油气的开采

很多时候，石油和天然气都储藏在同一层位，两者经常会被同时开采出来。它们的开采方法也很类似，只需要在埋藏地钻井，由于压力变小，石油和天然气就会从海底往海面移动。不过大海上气象多变，所以海上油气开采充满了不可预知的危险性，对科技要求很高。

滨海砂矿

　　陆地和大海亿万年的相互作用，为人类联手铸就了一种近乎取之不竭的宝贵资源——滨海砂矿。滨海砂矿种类繁多、分布广泛，大多埋藏在近岸沙堤、沙滩、沙嘴和海湾之中，开发价值巨大。

石英砂

　　在众多的滨海砂矿中，储量最大的当属石英砂，数量可达上百万亿吨。石英砂可以作为建筑用砂，也可以作为冶炼各种金属的熔剂。除此以外，石英砂中还能提取硅。硅是一种半导体材料，性脆、熔点高，广泛地应用于无线电子技术、电子计算机和航天工业等领域，还能制成太阳能电池。

锡石

　　全世界约 75% 的锡石都储存在印度尼西亚、马来西亚、泰国等国家的滨海砂矿中。锡具有延展性高、防锈、耐腐蚀等特性，广泛应用于食品、制造、电子、电气等工业中。

钛铁矿

　　钛及钛合金具有重量轻、耐高温、耐腐蚀等优良性能，能用于制造飞机、舰船、潜艇、火箭等的部件，是现代国防工业的重要材料之一。世界上一半钛铁矿产都来自滨海砂矿，印度、澳大利亚、新西兰、巴西和美国等国家都有大量分布。

锆石

全世界约 96% 的锆石来源于滨海砂矿。锆耐高温、抗腐蚀、易加工、机械性能好，并有优良的核能性，是原子能工业的重要材料。核电站、核潜艇、核动力航母、无线电仪器、电子管等多种高科技产业都需要使用锆石。

滨海砂矿的种类

滨海砂矿种类非常多。目前，世界上已探明的滨海砂矿达数十种，主要包含金、铂、锡、钍、钛、锆、金刚石等金属和非金属。我国拥有漫长的海岸线和广阔的浅海，滨海砂矿资源十分丰富。

海洋"聚宝盆"

用"聚宝盆"来形容大海是再确切不过的。海洋中的矿产资源实在是太丰富了。据统计，在地球上已发现的百余种元素中，有80余种在海洋中都有分布。其中，60余种可以提取开发。这些资源的价值科学家们都无法估量。

丰富的大洋矿藏

在广阔的大洋里，还存在许许多多矿藏：富含锰的锰结核，如同普通石块一样密密麻麻铺在大洋盆地；富钴结壳吸附了大量金属，广泛分布在海山区域；而在大洋裂缝处，还存在夜以继日喷发的海底热液矿，多金属硫化物资源让人垂涎……

海底的黄金梦

海洋中蕴藏着大量天然金砂，美国、俄罗斯、菲律宾、加拿大都早已开采海滨金砂生产黄金。2014年，烟台莱州湾海域探出海底金矿，我国也终于能够从大海的"聚宝盆"里取用黄金了。

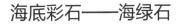

海底彩石——海绿石

海绿石是一种在海底生成的含水矿物，一般呈浅绿、黄绿或深绿色。这种海洋沉积矿物是提取钾的重要原料，还可以用于制作净水剂、玻璃染色剂和绝热材料，广泛应用于轻工业、化工和冶金工业之中。

拓展

海洋"富豪"：钻石、黄金、铂金样样有

钻石、黄金、铂金都是贵重稀有的珍宝，也是现代人们最钟爱的珠宝首饰原材料。你知道吗？这些珍贵的宝物从海洋中都可以开采到。所以说，我们的海洋还是一个"大富豪"呢！

第三章 海水资源与海洋能源

　　浩瀚的海洋中存在巨量的水资源，足以解决人类社会面临的缺水困境。海水中还含有 80 多种元素，其中很多都是人类亟须的。而且，海水无时无刻不在运动，潮汐、海流、海浪、海风，它们所蕴藏的能量之大，足以改变世界。人类只要多运用科学技术，就能对这座资源宝库进行开发，造福全人类。

海水利用

　　目前，全世界都面临着严峻的淡水资源危机。占地球水资源总量97%的海水无疑是一座拥有巨大开发价值的宝库。利用海水是人类缓解淡水危机的主要途径，也是21世纪全人类的共同期望。

海水冲厕的实践

　　为了解决水资源短缺问题，20世纪50年代末，香港开始使用海水代替淡水冲厕，现在，青岛、大连、宁波、厦门等城市也已经开始应用海水冲厕技术保护当地的淡水资源。

海水的综合利用与发展

　　海水的利用方式有很多。除了我们熟悉的海水淡化、海水制盐和矿物质提炼之外，还包括海水直接利用以及海水农业等。

"天然聚宝盆"

　　大家都知道，海水之所以咸是因为其中溶解有大量的盐类矿物质。除了海盐以外，海水中还含有大量化学资源、石油资源和大量可以用来进行核聚变的氢元素。可以说，海水是化学资源的"天然聚宝盆"。

拓展

海水有机物知多少

　　广阔的海洋是一座巨大的"有机物宝库"。大到鲸、鲨鱼，小至易燃气体甲烷，这里到处都有有机物的足迹。海水中的有机物可分为三类，分别是溶解有机物、颗粒有机物和挥发性有机物，它们共同支撑着庞大的海洋生态系统运行。

海水的直接利用

　　海水的直接利用是用海水代替淡水直接作为工业用水和生活用水。除了作为发电厂的冷却用水，海水还可以直接用于工业上印染、制药、制碱、橡胶及海产品加工等领域，以及生活中冲马桶、消防、灌溉农业等领域。

海水淡化

地球上的淡水资源非常有限，很多地方的人们都面临着缺水的威胁。很早以前，人们就幻想，如果海水可以饮用，人们就再也不用担心缺水了。然而，海水含盐量很高，直接饮用会带来生命危险。于是，人类就发明了海水淡化技术，把海水中的盐分和水分进行分离，制造出淡水。随着这项技术的成熟和推广，"永不缺水"似乎不再是梦。

海水淡化副产物——浓缩盐水

海水经过淡化之后会分离成两部分：淡水和浓缩盐水。淡水可以用于人们的生产和生活，而浓缩盐水是含盐浓度更高的海水。科学家们利用高科技"变废为宝"，从浓缩盐水中制盐，提纯钠、镁、溴等及其化合物。

海水成分

海水之所以又咸又苦，是因为其中溶有氯化钠、氯化镁、硫酸镁、碳酸镁等各种盐类。经分析，海水中含有 80 多种化学元素和气体，主要元素有氯、钠、镁、硫、钙、钾、溴、碳、硼、氟和锶等。

你知道吗

海水淡化养活了多少人

现在，全球有海水淡化厂 1.3 万多座，每天能为人类提供 3500 万立方米左右的淡水。这些淡水解决了 1 亿多人的用水问题。随着海水淡化技术的发展，它能养活的人必将越来越多。

海水淡化潜力巨大

以往，海水淡化成本过于昂贵，主要在"水比油贵"的中东沙漠地区使用，以解决当地淡水短缺问题。近年来，我国淡水短缺问题越来越严重。与此同时，随着膜技术等海水淡化关键技术的掌握，海水淡化成本大幅度下降。这项技术的开发潜力也随之越来越大。

海冰利用

海冰的含盐量远低于海水，有些海冰的盐度几乎为零。如果能采集海冰，融化后用于浇灌农田作物，就能节约大量的淡水了。而且，进一步将海冰融化后的水资源进行淡化处理，也是开发淡水资源的妙招。

拓展

海水淡化方法的发展

很早以前，航海家们就开始尝试进行海水淡化，解决航行中淡水短缺的问题。当时，船员们利用船上的火炉煮沸海水，收集水蒸气，等其冷却凝结，就得到了淡水，这就是最古老的海水淡化技术——蒸馏法。现在，人们已经开发出了20多种海水淡化技术。其中，蒸馏法、电渗析法、反渗透法和冷冻法都已经开始大规模运用。

海水制盐

毫无疑问，大海是盐的"故乡"。咸涩的海水中蕴藏着取之不尽、用之不竭的盐类资源。如果把海水中的盐全部提取出来平铺在陆地上，陆地的高度可以增加约150米。因此，自古以来，人们就开始从大海里获取食盐，满足日常生活所需。

海水制盐的方法

海水制盐的方法主要有盐田法、冷冻法和电渗析法三种。盐田法就是千百年来流传的"日晒制盐法"，虽然节约燃料，但是受天气和地形限制，所需人工成本高。冷冻法是将海水冷冻结冰，然后去冰浓缩制成盐，这种方法主要在气候寒冷的国家应用。电渗析法是一种新的制盐方法，既能节省土地和人力，而且不受季节影响。

海洋百科

"化学工业之母"——食盐

食盐不仅是人类不可替代的食用品，而且还在化学工业生产中发挥着巨大作用。食盐可以制成氯气、金属钠、纯碱、重碱、烧碱和盐酸，这些产品在化肥、农药、造纸、印染、搪瓷、医药等工业领域作用巨大。正因如此，食盐享有"化学工业之母"的美称。

海水制盐历史

据古籍记载，炎帝时的夙沙氏就教大家煮海水取盐，夙沙氏也因此被称为中国制取海盐的始祖。到了春秋战国时期，齐国把"鱼盐之利"作为富国之本。汉代的盐铁能"佐百姓之急，足军旅之资"。明朝永乐年间，我国开始建盐田。近现代以来，我国陆续开始采用机械设备制盐，制盐业逐步实现了现代化的生产模式。

苦卤

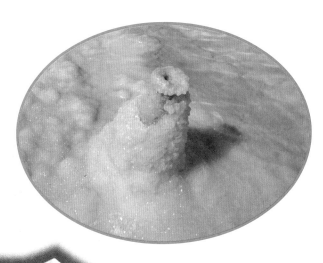

苦卤是海水提取食盐后剩下的残液，其中含有高浓度的钾、镁、溴和硫酸盐等许多矿物，开发价值很大。世界上每年海水制盐超过 2 亿吨，相应的副产品苦卤产量巨大，只要多加开发，这种丰富又可持续开发利用的液态矿物会给人类带来无数的好处。

我国的主要盐场

我国是全球第一产盐大国，海盐产量超过总产量的 70%。著名的盐场有辽宁的复州湾盐场，河北、天津的长芦盐场，山东莱州湾盐场，江苏淮盐盐场以及其他南方诸省盐场。其中，长芦盐场是我国最大的盐场，产量占全国海盐总产量的 1/4。

海水晒盐

海洋元素开发

　　海水中含有硫、镁、钙、钾、碳、溴、硼、金、铀、氘、氚等多种元素，本身就是一座巨大的资源宝库。虽然 1 立方米海水中的矿物质非常稀少，但我们地球上拥有约 13.7 亿立方千米的海水。如果能够对这座"液态宝库"进行合理开发，人类的未来必将"衣食无忧"。

海洋锂资源

　　锂是一种银白色的金属，又轻又软，放在水里都会浮起来。这种有趣的金属在人类的生产、生活中发挥着巨大作用。比如，用于制作电池、充当航空航天中的耐高温抗腐蚀材料与制作氢弹的原料等。海洋中的锂资源是陆地上的上万倍，足够人类使用数十万年。

核裂变

海洋铀资源

　　铀是一种银白色的金属，它是重要的天然放射性元素，也是最著名的核燃料。大名鼎鼎的原子弹最早就是用铀制成的。1789年，马丁·海因里希·克拉普罗特发现了铀并为其命名。后来，科学家又发现了铀的放射性和核裂变现象。现在，随着原子能工业的发展，铀的需求越来越大，人们因此将目光投向了海洋。

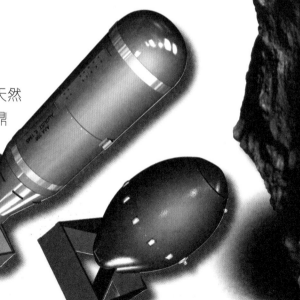

提取铀的方法

　　从海水中提取铀比较复杂。目前，人类主要研究的提取方法有三种：一、气泡分离法，即通过起泡剂从海水中提取铀，但现今只限用于实验室；二、生物富集法，即通过海藻进行富集铀，目前法国已经筹建了这种提铀的工厂；三、吸附法，即通过吸附剂吸附铀，这是目前最流行的方法。

海洋镁资源

　　镁在海水中的含量仅次于氯和钠。它是航空工业的重要材料，飞机和导弹的研制都离不开它。除此以外，镁还可以加入肥料中促进作物对磷的吸收，制成药物治病救人，制造合金类科学仪器，制作烟火和照明弹等。

海洋溴资源

　　地球上99%以上的溴都蕴藏在汪洋大海中，因此，溴也有"海洋元素"之称。它是一种贵重的药品原料，可以用于生产消毒药品、镇静剂，以及青霉素、链霉素等各种抗生素药物。在工业上，溴还能用于制造阻燃物、汽油添加剂和杀虫剂等。

海洋能源

　　浩瀚的大海无时无刻不在运动。海浪、潮汐、海风、海流甚至海水的温度、盐度中都蕴藏着巨大的能量，这就是海洋能源。海洋能源是真正意义上取之不尽、用之不竭的宝藏，它们分布广泛、蕴藏量巨大、清洁无污染、持续可再生。人类只要多运用科学技术，就能对这座能源宝库进行开发，把大自然的力量转化成电能，造福于全人类。

海浪能

　　海浪无疑是大海的标志之一，无风的时候海面微波荡漾，有风的时候海面巨浪翻滚。无休止的海浪里蕴藏着巨大的能量，它可以用来发电、抽水、制氢，开发过程中不必耗费燃料并且对环境影响极小。未来，海浪必将是人类社会中最重要的新能源之一。

摇摆的"鸭子"

　　英国爱丁堡大学的工程师斯蒂芬·索尔特发明了一种利用海浪发电的"爱丁堡鸭"海浪发电装置，也叫索尔特凸轮式发电装置。这种"鸭子"的"胸脯"会在海浪的波动中不停地来回摆动，从而带动工作泵推动发电机发电。

潮汐能

潮起潮落是大海边永恒不变的美景。在月球和太阳引力的作用下，海平面每天都会进行周期性的涨落，这就是潮汐。海水的涨落和潮水的流动周而复始，其间蕴藏着用之不竭的巨大能量，这就是潮汐能，它可以用来发电，给人们带来光明和动力。

海洋百科

"土法"算潮汐

海水涨潮时间每 15 天轮回一次，第二天涨潮时间比前一天推迟约 50 分钟。中国民间有一个计算公式，在农历初一到十五，具体涨潮时间为日期数 ×0.8；在农历十六到三十，涨潮时间为（日期数 -15）×0.8。如农历六月廿八，涨潮时间就是（28-15）×0.8=10.4，也就是说涨潮时间是早上和晚上的 10 点 24 分。

海流能

早在古代，人们就已经发现了海流的能量，不过那时人们只能借助海流"顺水推舟"帮助船只航行。现代，人们开始利用这种清洁可再生的能源进行发电。目前，美国、英国、加拿大、日本、意大利和中国等都已经开始进行海流能开发。

潮汐拍岸

"水下风车"

在海流流经之处建立"水下风车"，就可以在不破坏生态环境的基础上达到开发海流能的目的。2006 年 5 月 9 日，中国第一台新型海流能源利用装置"水下风车"模型样机，在舟山进行了海流试验并发电成功。不久的将来，"水下风车"将逐步成为大规模利用海流能、缓解能源短缺、发展沿海和岛屿的地方经济的新途径。

海上风能

　　自古以来，风就是人们最熟悉的能源之一。古老的风车至今仍在世界各地旋转，为人类提供电能和动力；美丽的帆船依然在所有大洋上遨游驰骋，给人们带来便利和享受。海上长年不息的海风所蕴藏的巨大能量让沿海国家获得了无数收益，它们除了可以用来发电以外，还是一道美丽的风景线。

海水盐差能

　　海水盐差能其实就是因为海水盐度（盐含量）的不同而产生的能量。在大江大河的入海口，淡水与海水因盐度不同会产生巨大的能量。同样，两片交界的海域也会因为盐度的差异而产生盐差能。盐差能可以用来发电，是一种开发潜力巨大的可再生能源。

海水盐差能的开发原理

　　如果把两种含盐量不同的海水倒在同一容器中，由于存在化学电位的差异，含盐量大的海水中的盐类离子就会自动向含盐量小的海水中扩散，直到两者浓度相同为止。盐差发电技术就是将这个过程中产生的压力转化为电能。

海上风车

你知道吗

海底火山的能量可以利用吗

火山喷发虽然非常可怕，但也很有价值，火山热能可以用来发电和供暖。这也是聪明的人类巧妙利用大自然的智慧结晶。地处北极圈附近的冰岛是个海底火山活动频繁的国家，全国许多家庭通过送来的火山蒸汽取暖供热，首都雷克雅未克则是全部采用地热取暖。相信在不久的将来，海底火山的能量也可为人类所用。

海洋温差能

海洋表层与深层的水温常年维持着 20℃ 左右的温差。这种温差在大海里无处不在，它蕴藏着丰富的能量，这就是海洋温差能。海洋温差能又叫海洋热能，借助科学技术，它可以转换成电能供人们利用。

海洋温差能的发电原理

海洋温差能的发电原理是以海洋受太阳能加热的表层海水（25℃~28℃）做高温热源，以 500~1000 米深处的海水（4℃~7℃）做低温热源，用热机组成的热力循环系统进行发电。现在新型的海水温差发电装置，是把海水引入太阳能加温池，把海水加热使之蒸发进行发电。

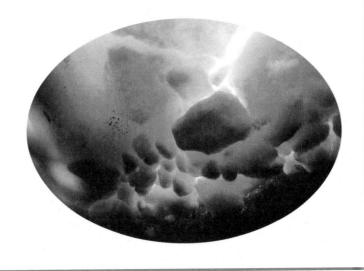

第四章　海洋空间资源

　　随着世界人口的不断增长，陆地可开发利用的空间越来越狭小，而浩瀚的海洋是地球上最大的空间，它不仅拥有辽阔的海面，更拥有深厚的海底和潜力巨大的海中。无论是海上桥梁、海上机场，还是海底隧道、人工岛和海上城市等，都是人类向大海"要来"的空间。未来，海洋将是人类生存发展的新希望。

海上运输

　　海上运输是在广阔的海洋上借助船舶进行人员、货物和资源运输，它包括海港码头、运输船舶和海上航道等要素。因为运载量大、运输能力强、运费低廉，海上运输一直是海洋空间资源开发的支柱产业。目前，全世界2/3以上的国际货物运输都是靠海上运输完成的。

我国航运业

　　我国拥有漫长的海岸线和无数优良的海港。早在1000多年前，中国的船只就已经能够远航到达非洲。现在，随着中国经济的蓬勃发展，我国的航运事业越来越兴盛。目前，世界十大港口中有7个在中国。

海运的诞生史

　　早在6000多年前，古埃及人就已经开始借助帆船航海，最早的海上运输也从那时出现。古老的帆船承载着中国、印度、欧洲各国的千年航运史，也造就了无数的繁华和文明。直到1902年，现代轮船开始出现，海运从此得到了极大发展，成为社会生产的一个重要行业。

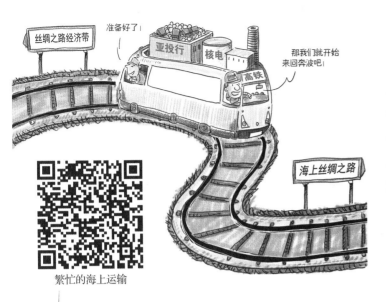

丝绸之路经济带

准备好了

亚投行 核电

高铁

那我们就开始来回奔波吧！

海上丝绸之路

繁忙的海上运输

"海上丝绸之路"

从汉代开始，中国就已经通过海运与中亚甚至西方国家进行贸易往来。之后的 2000 多年里，满载中国丝绸、瓷器和外国香料的船只一直在这条航线上来来往往，这就是"海上丝绸之路"的由来。现在，随着经济的发展，中国决定建设新"海上丝绸之路"，通过海上互联互通、港口城市合作以及海洋经济合作等途径，造福我国、东南亚和中东各国。

"海上生命线"

马六甲海峡位于马来半岛和苏门答腊岛之间，它是连接太平洋与印度洋的"咽喉要道"。来自中东的石油、中国的机电产品、日本的电子产品、非洲的资源都要从这里经过。可以说，这座海峡是许多国家的经济命脉，因此，它也享有"海上生命线"之称。

拓展

世界知名的海上贸易通道

世界上有 8 条著名的海上航线，它们分别是：苏伊士运河航线、好望角航线、北太平洋航线、巴拿马运河航线、南太平洋航线、南大西洋航线、北冰洋航线和北大西洋航线。这 8 条航线都是重要的海上贸易和交通运输通道。

港口

　　港口是船舶进出停泊、装卸货物、上下旅客、补充给养的交通枢纽。这里是人们开发利用海洋空间的主要场所。现代化的港口不仅是一个简单的货物交换场所，而且是国际物流链上的核心环节之一，对于国家综合实力的提升、综合运输的完善等具有十分重要的作用。

浮式码头

　　浮式码头就是浮在水面上，可随着水位升降而升降的码头。这种码头由趸船和活动引桥组成，主要用于海上石油和天然气的运输。

港口堆场

　　港口堆场又称货场，是港口用以堆存和保管待运货物的露天场地，供货物在装船前和卸船后进行短时期的存放。

码头

　　码头是海边、江河边供船舶停靠、装卸货物和上下旅客的人工建筑物。它是港口建设的基础，也是港口货物运输的核心。

港口工程

港口工程是兴建港口所需的各项工程设施和工程，它包括港址选择、工程规划设计及各项设施的修建。目前，我国港口结构的大型化、机械化和专业化水平已经步入世界先进行列。

顺岸式码头

顺岸式码头就是沿着岸边建设的码头，它广泛应用于河港和海港。我国的顺岸式码头有广东省深圳经济特区蛇口工业区顺岸式码头、上海外高桥顺岸式码头，以及青岛港顺岸式码头。

泊位

泊位是指港口内能停靠船舶的位置，是专门进行装卸货物的场所。泊位的数量与大小是衡量一个港口或码头规模的重要标志。

码头卸货

拓展

世界著名的大港口

荷兰鹿特丹港是欧洲的"海上门户"。

马六甲海峡旁边的新加坡港是连接东亚和西亚、欧洲、非洲的"海洋咽喉"。

美国纽约港是美洲海运网络的中心。

德国汉堡港庞大而先进，被称为"欧洲最快的转运港"。

人工岛

许多滨海国家和城市为了解决城市发展问题，采用人工岛的方式拓展空间。人工岛就是人工建造的岛屿，它是人类利用现代海洋工程技术建造的海上生产和生活空间，可用于建造石油平台、深水港、飞机场、核电站、钢铁厂等。

香港会议展览中心

香港会议展览中心坐落在维多利亚港一个面积约 6.5 公顷的人工岛上。它是世界最大的展览馆之一，独特的飞鸟展翅式形态，给美丽的维多利亚港增色不少。

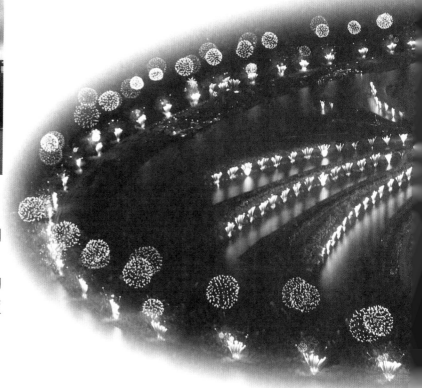

你知道吗

垃圾人工岛

人们向海洋中丢弃过无数的废弃物，许多塑料垃圾会长年漂浮在海面上。为了治理这些垃圾，荷兰科学家提出了建造"垃圾人工岛"的构思。这座"垃圾人工岛"将依靠太阳能和海浪能提供能源，足可供约 50 万人在岛上安居乐业，过上自给自足的生活。

围海造田

围海造田就是在海滩和浅海上建造围堤，阻隔海水，随后排干围堤内积水使之成为陆地。这种造陆方式由来已久，早在 2000 多年前，我国就开始围海造田。目前，荷兰、日本、阿联酋、中国等都是围海造田技术较发达的国家。

修建人工岛

俄罗斯人工岛

为了迎接 2014 年索契冬奥会，俄罗斯在索契市附近的黑海海域兴建了一座占地约350 万平方米的人工岛。这座人工岛的外形完全依照俄罗斯版图而建，最多可容纳 2.5 万余人居住，可以说是一个"袖珍版俄罗斯"。

拓展

世界上最大的人工群岛

迪拜朱美拉棕榈岛是世界上最大的人工群岛，号称"世界第八大奇迹"。这座人工岛非常先进，岛上桥梁、灌溉网络、自来水输送网、天然气管道、通信、卫生系统、电网、公路、海洋俱乐部、消防系统、通往外围环形岛屿等设施应有尽有。

珠澳口岸人工岛

珠澳口岸人工岛是港珠澳大桥与珠海、澳门两地的衔接中心，总面积约 200 万平方米，相当于近 300 个足球场大。这座人工岛不仅能抵御 300 年一遇的大洪潮，还建有环岛公路和景观带，具备观光功能。

海上机场

机场建设无疑需要非常广阔的土地，而且要远离人口聚集区，防止噪声扰民。聪明的人们把目光转向了广阔的海洋。在海上建造机场不仅能减轻地面的空运压力，减少飞机噪声和废气对城市的污染，而且还可以使飞行员视野开阔，保证飞机起飞和降落时的安全。

澳门国际机场

澳门国际机场是中国第一个完全由填海造陆而建成的国际机场。它的建成架起了澳门通往世界各地的空中桥梁，提升了澳门在国际上的知名度，并极大地促进了澳门的发展和长期繁荣。

海上机场

日本关西国际机场

日本关西国际机场是世界上第一座完全由填海造陆而建成的国际机场，也是世界上最大的浮动式海上机场。这座海上机场是人类的一次伟大壮举，在当时被誉为"轰动世界的奇迹"。

香港国际机场

香港国际机场占地约 1255 公顷，每年可接纳旅客约 3500 万人次。这座机场由两座较小的岛屿以及填海地合并而成，是填海建设的优秀成果。自建成之后，这里一直是世界上最繁忙的货运中心之一，曾被评为"20 世纪全球十大建筑"之一。

海洋工程的创举

机场发展至今已经有 100 多年的历史，海上机场也已经发展了 30 余年。目前，全世界已有许多海上机场，它们为人们的旅行交往和货物的运输传送贡献了巨大的力量。

拓展

海上机场的缺点

海上机场虽然拥有地域广阔、视野开阔和远离噪声的优势，但同样也有不少缺陷。首先，海上机场造价非常高昂，建造一座海上机场花费的资金足够建造 10 座同等规模的内陆机场；其次，飞机的频繁起降会使海上跑道出现裂纹，这将给飞行安全带来致命隐患。

跨海大桥

　　跨海大桥是横跨海峡或海湾的海上桥梁，连接海峡或陆地与岛屿之间的交通。这种大桥一般非常长，对建造技术要求很高，是人类利用海洋空间的一种方式，也是人类科技发展的杰作。

胶州湾跨海大桥

　　胶州湾跨海大桥一度是世界上最长的跨海大桥，它全长 36.48 千米，横跨胶州湾东西两岸，大大改善了青岛市的交通状况。这座大桥创造了我国乃至世界的数项"桥梁之最"，是我国桥梁史上辉煌的篇章。

厦门大桥

　　厦门大桥是我国第一座跨越海峡的公路大桥。这座大桥的建成不仅改善了厦门陆路运输条件，而且大大加强了厦门与岛外的联系，使厦门经济特区实现了真正的腾飞。

港珠澳大桥

　　港珠澳大桥是我国的一座超级跨海大桥，这座大桥全长为 49.968 千米，连接香港大屿山、澳门半岛和广东省珠海市。2016 年 9 月 27 日，港珠澳大桥主体桥梁正式贯通，预计 2018 年 7 月前正式通车。

杭州湾跨海大桥

　　杭州湾跨海大桥全长 36 千米。它的施工工艺的科技含量非常高，是我国先进建筑技术的体现。这座大桥不仅外形优美灵动，而且还可以抵抗 12 级以上的台风，非常坚固耐用。

跨海大桥

海沧大桥

　　海沧大桥坐落在厦门西港中部，是从厦门岛通往海沧的一座内海湾公路大桥。这座大桥是亚洲第一座特大型三跨连续全漂浮钢箱梁悬索桥，其建筑工艺代表着 20 世纪中国建桥水平的最高成就。

海洋旅游

　　海洋旅游是以满足游客观光、休闲度假、娱乐健身、求知探险和个人其他特殊爱好为旅游目的的一种综合性旅游产业。它不仅污染小，而且效益高，能给人类带来健康和享受。

不同的旅游乐趣

　　在海上旅行具有与陆地旅行迥然不同的趣味。游客可在海上观看日出日落，划船，进行海水浴以及各种体育和探险项目，如游泳、潜水、冲浪、钓鱼、驰帆、赛艇等。

冲浪

　　冲浪号称勇敢者的游戏。想象一下，脚踩单薄的冲浪板，在汹涌的海水中穿梭，在大海的咆哮声中灵巧地出没，这是一种多么刺激的运动啊！

健康的旅游方式

　　海洋附近一般气候宜人、阳光充足，空气中含有高浓度的负离子，对人体健康有明显的益处。辽阔的大海还能使人开阔胸襟，身心得到彻底放松。此外，多种多样的海滨运动方式可以锻炼身体。正因如此，海滨旅游被认为是一种非常健康的旅游方式。

丰富的旅游资源

海洋旅游资源非常丰富,而且形式多种多样。在气候宜人的海滨城市,人们可以呼吸清新的空气,品尝美味的海鲜,悠闲地进行避暑、休闲和疗养;在风光美丽的海岸和海岛,人们可以饱览独特的海滨地貌,享受游泳、冲浪等乐趣;在幽深瑰丽的海底,人们可以欣赏各种神奇的海洋生物,探索神秘的水下遗迹……

潜水

潜水是近年来深受游客欢迎的海滨旅游方式。当你穿着潜水服徐徐潜入清凉明澈的海水中,穿梭在美丽的珊瑚丛里,阳光在水下瑰丽地折射,鱼儿和海龟在身旁亲昵地嬉戏,海底世界的奇妙浪漫显露无遗。

你知道吗

"海上城市"

乘坐游轮出海旅行是许多人的梦想。现在,先进的海上邮轮犹如一座小型"海上城市",餐厅、购物街、舞台、游泳池、酒吧等,各种娱乐设施应有尽有,给游客们带来了不同凡响的旅游体验。

地球上最大的"景点"

海洋上拥有滩、崖、沟、谷、山等各种形态地貌;海洋里还拥有鲸、海龟、鱼等各种神奇美丽的生物;它们共同构成了世界上最大、最神奇、最美丽的景观,为人类开辟了广阔多姿的旅游休闲空间,满足着人类精神生活的需要。

图书在版编目（CIP）数据

蓝色资源库/金翔龙,陆儒德主编.—北京：中
译出版社,2018.4（2020.6重印）
（奇妙的海洋课）
ISBN 978-7-5001-5618-5

Ⅰ.①蓝… Ⅱ.①金… ②陆… Ⅲ.①海洋－儿童读
物 Ⅳ.① P7-49

中国版本图书馆 CIP 数据核字（2018）第 069671 号

奇妙的海洋课

蓝色资源库

出版发行：中译出版社
地　　址：北京市西城区车公庄大街甲 4 号物华大厦 6 层
电　　话：（010）68359376　68359303　68359101
邮　　编：100044
传　　真：（010）68358718
电子邮箱：book@ctph.com.cn
策划编辑：姜　军
责任编辑：姜　军　刘黎黎　顾客强　刘全银
封面设计：宸唐工作室
图片视频：视觉中国
印　　刷：天津格美印务有限公司
经　　销：新华书店
规　　格：889 毫米 ×1194 毫米　1/16
印　　张：4
字　　数：124 千字
版　　次：2020 年 6 月第 1 版第 2 次

ISBN 978-7-5001-5618-5　　　定价：28.00 元